BEI GRIN MACHT SICH IHR WISSEN BEZAHLT

- Wir veröffentlichen Ihre Hausarbeit, Bachelor- und Masterarbeit

- Ihr eigenes eBook und Buch - weltweit in allen wichtigen Shops

- Verdienen Sie an jedem Verkauf

Jetzt bei www.GRIN.com hochladen und kostenlos publizieren

Isabelle Pipahl

Fourierzerlegung mit Beispielen in MATLAB®

GRIN Verlag

Bibliografische Information der Deutschen Nationalbibliothek:

Die Deutsche Bibliothek verzeichnet diese Publikation in der Deutschen Nationalbibliografie; detaillierte bibliografische Daten sind im Internet über http://dnb.d-nb.de/ abrufbar.

Dieses Werk sowie alle darin enthaltenen einzelnen Beiträge und Abbildungen sind urheberrechtlich geschützt. Jede Verwertung, die nicht ausdrücklich vom Urheberrechtsschutz zugelassen ist, bedarf der vorherigen Zustimmung des Verlages. Das gilt insbesondere für Vervielfältigungen, Bearbeitungen, Übersetzungen, Mikroverfilmungen, Auswertungen durch Datenbanken und für die Einspeicherung und Verarbeitung in elektronische Systeme. Alle Rechte, auch die des auszugsweisen Nachdrucks, der fotomechanischen Wiedergabe (einschließlich Mikrokopie) sowie der Auswertung durch Datenbanken oder ähnliche Einrichtungen, vorbehalten.

Impressum:

Copyright © 2014 GRIN Verlag GmbH
Druck und Bindung: Books on Demand GmbH, Norderstedt Germany
ISBN: 978-3-656-85974-1

Dieses Buch bei GRIN:

http://www.grin.com/de/e-book/285710/fourierzerlegung-mit-beispielen-in-matlab

GRIN - Your knowledge has value

Der GRIN Verlag publiziert seit 1998 wissenschaftliche Arbeiten von Studenten, Hochschullehrern und anderen Akademikern als eBook und gedrucktes Buch. Die Verlagswebsite www.grin.com ist die ideale Plattform zur Veröffentlichung von Hausarbeiten, Abschlussarbeiten, wissenschaftlichen Aufsätzen, Dissertationen und Fachbüchern.

Besuchen Sie uns im Internet:

http://www.grin.com/

http://www.facebook.com/grincom

http://www.twitter.com/grin_com

Isabelle Pipahl

Zentrales Assignment

Computergestützte Mathematik

Thema:

Fourierzerlegung

München, 24.10.2014

Inhaltsverzeichnis

Inhaltsverzeichnis 1

Abbildungsverzeichnis 2

Anhangsverzeichnis 3

Abkürzungsverzeichnis 4

I. Einleitung 5

II. Grundlagen 6

   1. Fourier-Entwicklung 6

   2. Approximationseigenschaften 7

III. Bearbeitung Themen 7

   1. Fourier-Zerlegung eines Rechtecksignals 7

   2. Berechnung einer Dreieckfunktion aus den Fourierkoeffizienten 9

   3. Berechnung der Spektrallinien 10

IV. Zusammenfassung 14

Literaturverzeichnis 16

Anhang 17

Abbildungsverzeichnis

Abb. 1: MATLAB Fourier-Zerlegung Rechtecksignal für verschiedene n......................8

Abb. 2: Gibbsches Phänomen..9

Abb. 3: MATLAB Dreieckfunktion aus Fourier-Koeffizienten für verschiedene n.......10

Abb. 4: Fourier-Transformation..11

Abb. 5: fft in MATLAB...12

Abb. 6: Leakage-Effekt 13

Anhangsverzeichnis

Anhang 1: Fourierzerlegung Rechtecksignal 17

Anhang 2: Fourierzerlegung Dreiecksignal 19

Anhang 3: Berechnung der Spektrallinien 21

Anhang 4: Daten-CD 22

Die Daten CD ist in dieser Publikation nicht enthalten.

Abkürzungsverzeichnis

DFT   Diskrete Fourier-Transformation

FT   Fourier-Transformation

FFT   Fast Fourier-Transformation

Hz   Hertz

LTE   Long Term Evolution

WLAN   Wireless Local Area Network

I. Einleitung

Ein Vorgang, bei dem sich eine physikalische Größe aus einem Ruhezustand durch eine äußere Einwirkung periodisch ändert, bezeichnet man als Schwingung. Kann der Verlauf einer Schwingung durch eine Sinus- oder Kosinusfunktion beschrieben werden, bezeichnet man sie als harmonische Schwingung.[1]

In der Praxis trifft man jedoch häufig auf periodische Vorgänge, die sich nicht aus reinen Sinusfunktionen darstellen lassen[2], z.B. in der Akustik, Optik oder Elektrotechnik. Ende des 18. Jh. hat der französische Mathematiker und Physiker Jean Baptiste Joseph Fourier (1768-1830) entdeckt, dass sich jede periodische Schwingung als Summe harmonischer Schwingungen unterschiedlicher Amplituden und Frequenzen darstellen lässt. Diese Entdeckung ist heute als Fourier-Entwicklung oder -Reihe bekannt[3] und bedeutet, dass sich jede beliebige periodische Funktion durch Überlagerung harmonischer Schwingungen unendlich genau darstellen lässt. Dadurch kann ein kompliziertes Problem in ein einfacheres transformiert, gelöst und anschließend wieder auf das Ausgangsproblem zurücktransformiert werden.[4]

Inhalt dieses Assignments ist im Kapitel II die Grundlagenschaffung durch die Definitionen von Fourier-Entwicklung und Approximationseigenschaften, sowie der Fourier-Transformation im weiteren Verlauf. Im Kapitel III werden die Themen des Assignments mit MATLAB bearbeitet, die Ergebnisse bewertet und abschließend in Kapitel IV die gewonnenen Erkenntnisse zusammengefasst und kritisch reflektiert.

Das Ziel dieses Assignments ist es, den Grundgedanken der Fourier-Analyse und die Vorgehensweise der Berechnung darzustellen, sowie in unterschiedlichen

---

[1] Weber, Hubert; Ulrich, Helmut, 2012: Laplace-, Fourier- und z-Transformation, 9. Auflage, Wiesbaden 2012
[2] Goebbels, Steffen; Ritter, Stefan, 2013: Mathematik verstehen und anwenden, 2. Auflage, Heidelberg 2013, S. 699ff.
[3] Burke Hubbard, Barbara, 1997: Wavelets: Die Mathematik der kleinen Wellen, Berlin 1997
[4] Goebbels, Steffen; Ritter, Stefan, a.a.O.

Anwendungen den Nutzen der Fourier-Zerlegung auszuarbeiten. Damit einher sollen auch mögliche Fehler oder Ungenauigkeiten analysiert und bewertet werden.

II. Grundlagen

1. Fourier-Entwicklung

Periodische Funktionen sollen als Summe von Sinusfunktionen dargestellt werden. Die Fourier-Entwicklung lässt sich mathematisch folgendermaßen ausdrücken:

$$f(x) = \frac{a_0}{2} + \sum_{n=1}^{\infty}(a_n \cos(nx) + b_n \sin(nx)) \qquad (1)$$

Die Periode der periodischen Funktion f sei einfacherweise 2π, da dies die Periode von Sinus und Kosinus ist. Die Koeffizienten a_0, a_n und b_n müssen anschließend bestimmt werden, hier wird bei einer Periode von 2π der Bereich von $-\pi$ bis π betrachtet. Für die Konstanten ergeben sich nach mehrmaligen Umformungen folgende Formeln[5]:

$$a_0 = \frac{1}{\pi}\int_{-\pi}^{\pi} f(x)\, dx$$
(2)

$$a_n = \frac{1}{\pi}\int_{-\pi}^{\pi} f(x) \cos(nx)\, dx \qquad (3)$$

$$b_n = \frac{1}{\pi}\int_{-\pi}^{\pi} f(x) \sin(nx)\, dx$$
(4)

Diese Koeffizienten heißen Fourier-Koeffizienten. Ihre Berechnung und damit „die Zerlegung einer Funktion [...] in Frequenzanteile nennt man Fourier-Analyse"[6] oder -Transformation. In der Praxis können die Koeffizienten durch Rechensysteme ermittelt werden, z.B. mit Hilfe der schnellen Fourier-Transformation (Fast Fourier Transformation). Auf die Fourier-Transformation und deren Anwendungsbereiche wird in Kapitel III bei der Bearbeitung der Aufgabe 3 weiter eingegangen.

---

[5] Goebbels, Steffen; Ritter, Stefan, a.a.O.
.[6] Goebbels, Steffen; Ritter, Stefan, a.a.O.

2. Approximationseigenschaften

Führt man die Fourier-Reihe für ein einzelnes Summenglied aus, erhält man eine reine Sinusfunktion. Bei einer erhöhten Anzahl an Summanden wird die zu zerlegende Funktion immer weiter approximiert. Unter Approximation versteht man die Annäherung an eben diese Zielfunktion (beispielsweise an die Rechteckfunktion aus Aufgabe 2 in Kapitel III), wenn die Fourier-Reihe nach endlich vielen Summengliedern abgebrochen wird.

III. Bearbeitung Themen

1. Fourier-Zerlegung eines Rechtecksignals

Ein periodisches Rechtecksignal kann durch folgende Summe von Sinusfunktionen geschrieben werden:

$$y = \frac{4a}{\pi}\left(sin(x) + \frac{sin(3x)}{3} + \frac{sin(5x)}{5} + \cdots\right) \tag{5}$$

Die Funktion kann auch folgendermaßen dargestellt werden:

$$f(x) = \frac{4a}{\pi} + \sum_{n=1}^{\infty}\left(sin\frac{(2n-1)*x}{2n-1}\right)$$
(6)

Mithilfe des Numerikprogrammes MATLAB®[7] kann eine Script-Datei (M-File) programmiert werden, welche die Fourier-Zerlegung des Rechtecksignals ausführt. Für die Programmierung der Rechteckzerlegung sind folgende Daten gegeben:

- $a = 1$; a entspricht der Impulshöhe bzw. Amplitude der Schwingung
- $fend = 100$; $fend$ entspricht der maximalen Oberwelle[8] [9]
- $xend = 10$; $xend$ entspricht dem maximalen x-Wert
- $xstep = 0,01$; $xstep$ entspricht dem x-Inkrement; Schrittgröße

---

[7] MATLAB® ist eingetragenes Warenzeichen von The MathWorks, Inc.
[8] Definition Oberwelle: Oberwellen treten bei Schwingungen auf, die keine reinen Sinusschwingungen sind. Sie sind ganzzahlige Vielfache der Grundschwingung
[9] Ohne Verfasser, 2014: Oberwelle, http://www.itwissen.info/definition/lexikon/Oberwelle-harmonic.html; 20.10.2014, 09:52

Dabei wird das M-File in drei Teile gegliedert

1. Eingabe von Werten in die Kommandozeile
2. Rechnung
3. Grafikausgabe

und für eine verschiedene Anzahl an Summanden ($n_1=1$; $n_2=5$; $n_3=100$) getestet.

Das M-File fourier_rechteck.m ist in Anhang 4 (Daten-CD) angehängt. Die Approximation der Rechteckfunktion ist in folgender Abbildung 1 zu sehen, wobei n_1 in blau, n_2 in grün und n_3 in rot dargestellt sind.

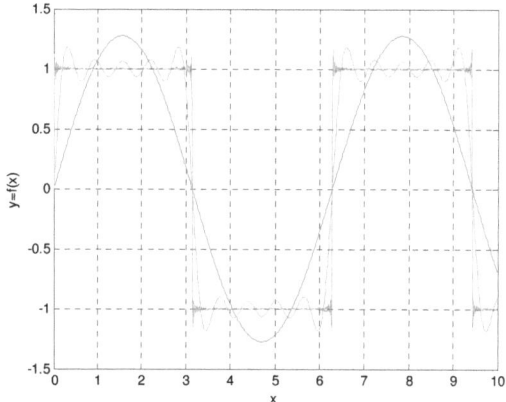

Abbildung 1: MATLAB Fourier-Zerlegung Rechtecksignal für verschiedene n^{10}

Nach $n_3=100$ Summengliedern ist die Rechteckfunktion schon recht gut approximiert, ein ideales Rechtecksignal erhalten wir jedoch nicht. An den Sprungstellen bzw. Unstetigkeitsstellen der Funktion treten bei allen n Überschreitungen auf, die durch eine erhöhte Anzahl an Summanden nicht verringert werden kann (siehe Abbildung 2), es wird durch eine unendliche Anzahl an Summanden nur unendlich schmal. Dieses Phänomen ist als Gibbsches Phänomen bekannt,[11] welches nach dem Physiker Josiah Willard Gibbs (1839-1903) benannt ist.

---

[10] Blau: n=1; Grün: n=5; Rot: n=100
[11] Ohne Verfasser, ohne Jahr: Fourierreihe und Gibbsches Phänomen, http://www.studienkolleg-bochum.de/node/125, 21.10.2014, 09:43

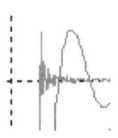

Abbildung 2: Gibbsches Phänomen

2. Berechnung einer Dreieckfunktion aus den Fourier-Koeffizienten

Analog der Zerlegung des Rechtecksignals wird hier eine Dreiecksfunktion mittels einer for-Schleife in einem M-File dargestellt. Eine for-Schleife ist eine Zählschleife, die das Programm automatisch für verschiedene Werte mehrmals hintereinander durchlaufen lässt, wobei die Werte in einer festen Differenz zueinander zuvor definiert sein müssen.[12]

Das periodische Dreiecksignal ist durch folgende Reihenentwicklung geben:

$$y = \frac{\pi}{2} - \frac{4}{\pi}(cos(x) + \frac{cos(3x)}{3^2} + \frac{cos(5x)}{5^2} + \cdots) \qquad (7)$$

Analog Aufgabe 1.1 wird auch die Reihenentwicklung (7) umgestellt:

$$f(x) = \frac{\pi}{2} - \frac{4}{\pi} + \sum_{n=1}^{\infty} \left(cos\frac{(2n-1)*x}{(2n-1)^2}\right)$$
(8)

Für die Programmierung des M-Files werden, bis auf die Impulshöhe a, alle in der Aufgabe 1.1 gegebenen Werte übernommen. Das M-File fourier_dreieck.m ist ebenfalls in Anhang 4 zu finden. Die approximierten Dreieckfunktionen sehen wie folgt aus:

---

[12] Thuselt, Frank; Gennrich, Felix: Praktische Mathematik mit MATLAB, Scilab und Octave, Heidelberg 2013, S.295

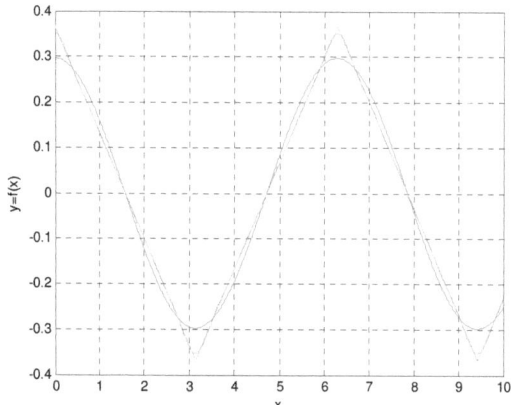

Abbildung 3: MATLAB Dreieckfunktion aus Fourier-Koeffizienten für verschiedene n[13]

Die Approximation der Dreieckfunktion mit $n_3=100$ unterscheidet sich kaum vom vorgegebenen Dreieckverlauf. Geringfügige Abweichung sind bei $n_2=5$ Summanden zu erkennen, wobei die Abweichungen an den Signalspitzen am größten sind. Hier erreicht die Approximation nicht mehr die Höchstwerte von ± 1. Im Gegensatz zur Rechteckfunktion tritt bei der Dreieckfunktion das Gibbsche Phänomen nicht auf, da diese stetig ist.

3. Berechnung der Spektrallinien

Während die Fourier-Reihe ausschließlich bei periodischen Funktionen angewendet werden kann, kann die Fourier-Transformation (FT) auch bei nicht-periodischen Funktionen eingesetzt werden. Eine nicht periodische Funktion wird aufgefasst als Funktion mit unendlicher Periode, weshalb die Fourier-Darstellung hier angewendet werden kann.[14] Mithilfe der FT und der Diskreten Fourier-Transformation (DFT) kann ein Signal vom Zeitbereich in den Frequenzbereich transformiert werden (siehe Abbildung 3).[15] Die DFT unterscheidet sich von der FT dadurch, dass bei der DFT das

---

[13] Blau: n=1; Grün: n=5; Rot: n=100
[14] Iske, Armin, 2008: Komplexe Funktionen, http://www.math.uni-hamburg.de/teaching/export/tuhh/cm/kf/08/vorl12.pdf, 20.09.2014, 11:58
[15] Ohne Verfasser, 2014: Fourier-Transformation, http://www.itwissen.info/definition/lexikon/Fourier-Transformation-FT-Fourier-transformation.html, 12.10.2014; 11:48

Spektrum mit Abtastwerten berechnet wird, während die FT das Spektrum aus einer kontinuierlichen Funktion berechnet.[16]

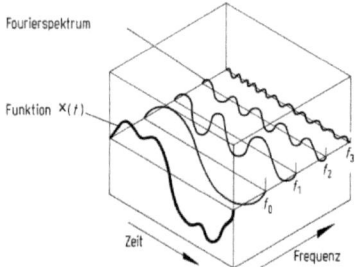

Abbildung 4: Fourier-Transformation[17]

Die Spektrallinie stellt dabei im Frequenzbereich die Amplituden der unterschiedlichen sinusförmigen Signale, die die Fourier-Reihe bilden, dar, unabhängig von der Periodenlänge (siehe Abbildung 4). [18] Der Frequenzbereich gibt dabei an, wie stark die in dem Signal vorkommenden Frequenzen sind.

Neben der FT und DFT gibt es noch die schnelle Fourier-Transformation (Fast Fourier Transformation (FFT)). Die FFT ist ein besonderer Rechenalgorithmus der DFT, die das Spektrum ebenfalls mit Abtastwerten berechnet, aber nur angewendet werden kann, wenn „die Anzahl der Abtastpunkte N durch eine Zweierpotenz gegeben ist, also $N = 2^x$ und x eine natürliche Zahl ist."[19]

---

[16] Thuselt, Frank; Gennrich, Felix: a.a.O.
[17] Ohne Verfasser, ohne Jahr: Multimedia (Einführung), https://homepages.thm.de/~hg54/mmk_2006/script/multimedia/multimedia.htm, 12.10.2014, 11:44
[18] Rauscher, Christoph, 2000: Grundlagen der Spektrumanalyse, http://www.heuermann.fh-aachen.de/files/download/diverse/Spektrumanalyse.pdf, 12.10.2014; 11:58
[19] Thuselt, Frank; Gennrich, Felix: a.a.O.

Um die FFT in MATLAB darzustellen, <wird der Befehl *fft* genutzt.[20] Um die *fft* auszuführen werden u.a. folgende Eingabeparameter benötigt[21]:

- *numstep*: Anzahl der Abtastpunkte: z.B. *256 (2^8=256)*
- *tstep*: t-Inkrement: z.B. *0,05* (Schrittgröße)
- Zeitvektor *t: 0:tstep:(numstep-1)*tstep* → 256 Abtastpunkte
- Frequenz *F*, z.B. *10 (Hz)*
- Amplitude *A*, z.B. *1*
- Eine Funktion, z.B. *y=A*sin(2*pi*F*t)*

Mit diesen Eingabeparametern wird die *fft* in MATLAB durchgeführt, die vollständige Script-Datei ist wieder in Anhang 4 zu finden. Der entstandene Zeit- und Frequenzbereich sind anschließend in Abbildung 5 dargestellt.

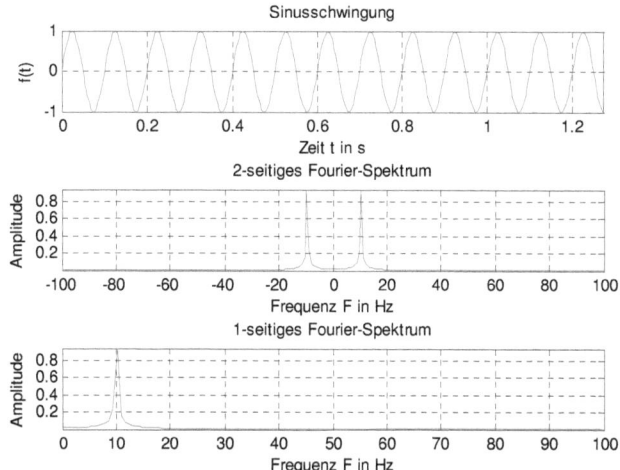

Abbildung 5: fft in MATLAB

---

[20] Thuselt, Frank; Gennrich, Felix: a.a.O.
[21] Thuselt, Frank; Gennrich, Felix: a.a.O

In der Abbildung 5 ist zu erkennen, dass die reine Sinusfunktion, in diesem Fall bei der Frequenz $F=\pm 10Hz$, nur eine Spektrallinie mit der vorher festgelegten Amplitude $A=1$ aufzeigt.

Bei der FFT können allerdings auch Fehler auftreten, die zu einem ungenauen Ergebnis führen. Dazu gehört beispielsweise der Leakage-Effekt. Für die Durchführung der FFT wird ein bestimmtes Messfenster gewählt, welches durch die Abtastrate und die Anzahl an Messpunkten definiert ist, d.h. es wird nur ein endlich langes Fenster des Signals betrachtet. Entspricht dieses Fenster nicht einem ganzzahligen Vielfachen der Signalperiode, entstehen neue zusätzliche Frequenzanteile (siehe Abbildung 6).[22] Damit kann keine verlässliche Aussage über die tatsächlichen Spektrallinien getätigt werden. Um dem Leakage-Effekt entgegenzuwirken, können Fensterfunktionen eingesetzt werden, mit denen das Originalsignal multipliziert wird, um so die ‚Schnittkanten' des Messfensters weich auslaufen zu lassen. Auf die verschiedenen Fensterfunktionen wird hier nicht weiter eingegangen.

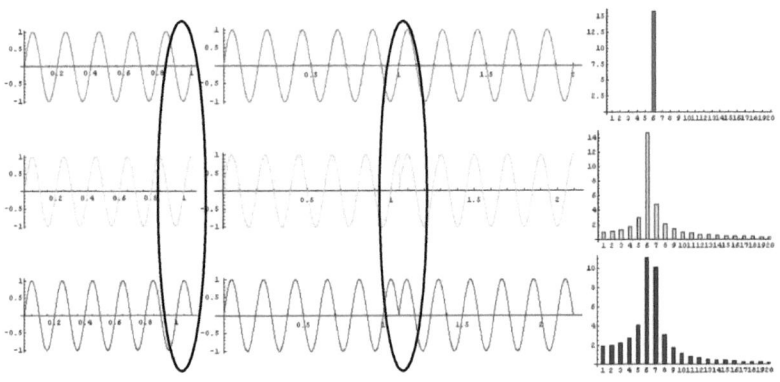

Abbildung 6: Leakage-Effekt[23]

---

[22] Kriener, Sven; Chudzinska, Anika, 2008: Kurzzeit-Fouriertransformation mit Korrektur des Anti-Aliasingfilters, https://www.mdt.tu-berlin.de/fileadmin/fg184/Lehre/Projekte/projekt-mdvmesskette.pdf, 21.12.2014, 14:40
[23] Kriener, Sven; Chudzinska, Anika, a.a.O.

IV. Zusammenfassung

Im Laufe des Assignments wurde gezeigt, welche die Grundlagen der Fourier-Reihe und -Transformation sind, wie diese in MATLAB angewendet werden können und worauf bei der Anwendung hinsichtlich möglicher Fehlerpotentiale zu achten ist.

Mithilfe der Fourier-Reihe lassen sich jegliche periodische Funktionen als eine Summe aus Sinus oder Kosinusfunktionen unendlich genau darstellen, je nach Anzahl der Summenglieder. In den Kapiteln III 1 und 2 wurde gezeigt, wie gut die Approximation der Funktionen bereits bei einer Anzahl von $n=100$ Summanden ist. Erhöht man die Anzahl weiter, werden die Funktionen besser approximiert. Bei unstetigen Funktion, wie beispielsweise der Rechteckfunktion, tritt allerdings immer noch das Gibbsche Phänomen auf, welches dazu führt, dass an den Unstetigkeitsstellen der Funktion Überschreitungen auftreten, die auch unabhängig von der Anzahl der Summanden immer gleich groß ist.

Die in Kapitel III 3 dargestellte Fourier-Transformation nutzt man, um die Funktionen aus dem Zeitbereich in den Frequenzbereich zu transformieren. Besonders interessant ist hier die FFT, die eine möglichst schnelle Berechnung der Fourier-Transformation erlaubt. Diese wird in der Praxis in vielen Bereichen angewendet und ist in der Physik, Technik und im Alltag unabdingbar geworden, beispielsweise wird sie zur Breitbanddatenübertragung per WLAN oder LTE genutzt.[24] Doch gibt es auch bei der Fourier-Transformation Grenzen, die zu einem ungenauen oder verfälschtem Ergebnis führen können, wodurch die Spektralanalysen unbrauchbar würden. Einer dieser Fehlerquellen ist der Leakage-Effekt, der zu zusätzlichen Frequenzanteilen führen kann und bei der Interpretation des Spektrums beachtet werden muss. Diesem Effekt kann u.a. mit der Anwendung von Fensterfunktionen entgegengewirkt werden.

---

[24] Werner, Martin, 2014: Diskrete Fourier-Transformation, http://www2.hs-fulda.de/~werner/lehre/sus/SigSys_P3.pdf, 22.10.2014, 13:47

Der beschriebene Leakage-Effekt ist nur einer der möglichen auftretenden Fehlerquellen, daneben gibt es noch weitere, wie der Smearing-[25] oder der Aliasing-Effekt.[26] Auch diese Effekte müssen bei der Analyse betrachtet und entsprechend bewertet werden, um ein aussagekräftiges Ergebnis zu erhalten.

Insgesamt bietet die durch Jean Baptiste Joseph Fourier entdeckte Fourier-Reihe und -Transformation einen wichtigen Beitrag zu vielen Wissenschafts- und Technikzweigen, die wir jeden Tag zum Teil bewusst, zum anderen Teil aber auch unbewusst zur Kenntnis nehmen.

---

[25] Breslawski, Gunnar, 2013: Die Frequenzanalyse mit der FFT in der Praxis, http://www.elektronikpraxis.vogel.de/messen-und-testen/articles/420086/index2.html, 22.10.2014, 14:12
[26] Scholz, Jan, 2003: Fehlerquellen der diskreten Fourier-Transformation, https://www.staff.uni-giessen.de/~gd1186/F-Prak/node9.html, 22.10.2014, 14:20

Literaturverzeichnis

Breslawski, Gunnar, 2013: Die Frequenzanalyse mit der FFT in der Praxis, http://www.elektronikpraxis.vogel.de/messen-und-testen/articles/420086/index2.html

Burke Hubbard, Barbara, 1997: Wavelets: Die Mathematik der kleinen Wellen, Berlin 1997

Goebbels, Steffen; Ritter, Stefan, 2013: Mathematik verstehen und anwenden, 2. Auflage, Heidelberg 2013, S. 699ff.

Iske, Armin, 2008: Komplexe Funktionen, http://www.math.uni-hamburg.de/teaching/export/tuhh/cm/kf/08/vorl12.pdf

Kriener, Sven; Chudzinska, Anika, 2008: Kurzzeit-Fouriertransformation mit Korrektur des Anti-Aliasingfilters, https://www.mdt.tu-berlin.de/fileadmin/fg184/Lehre/Projekte/projekt-mdvmesskette.pdf

Rauscher, Christoph, 2000: Grundlagen der Spektrumanalyse, http://www.heuermann.fh-aachen.de/files/download/diverse/Spektrumanalyse.pdf

Ohne Verfasser, 2014: Fourier-Transformation, http://www.itwissen.info/definition/lexikon/Fourier-Transformation-FT-Fourier-transformation.html

Ohne Verfasser, 2014: Oberwelle, http://www.itwissen.info/definition/lexikon/Oberwelle-harmonic.html

Ohne Verfasser, ohne Jahr: Fourierreihe und Gibbsches Phänomen, http://www.studienkolleg-bochum.de/node/125

Ohne Verfasser, ohne Jahr: Multimedia (Einführung), https://homepages.thm.de/~hg54/mmk_2006/script/multimedia/multimedia.htm

Thuselt, Frank; Gennrich, Felix: Praktische Mathematik mit MATLAB, Scilab und Octave, Heidelberg 2013, S.295

Weber, Hubert; Ulrich, Helmut, 2012: Laplace-, Fourier- und z-Transformation, 9. Auflage, Wiesbaden 2012

Werner, Martin, 2014: Diskrete Fourier-Transformation, http://www2.hs-fulda.de/~werner/lehre/sus/SigSys_P3.pdf

Anhang

Anhang 1 Fourierzerlegung Rechtecksignal

21.10.14 11:01 MATLAB Command Window 1 of 1

```
Student License -- for use in conjunction with courses offered at a
degree-granting institution. Professional and commercial use prohibited.

EDU>> % programm fourier_rechteck.m
EDU>> % Zerlegung eines Rechtecksignals
EDU>> % **************************************
EDU>> % Werte eingeben
EDU>> a=1; % Impulshöhe
EDU>> fend=input('max Oberwelle, Default:100):')
max Oberwelle, Default:100):100
fend =
100
EDU>> xend=input('max x-Wert, Default:10):')
max x-Wert, Default:10):10
xend =
10
EDU>> xstep=0.01; % x-Inkrement
EDU>> n1=1; n2=5; n3=100; % Anzahl Summenglieder
EDU>> % *********************************************
EDU>> % Rechnung
EDU>> x=0:xstep:xend;
EDU>> y1=zeros(1,length(x));
EDU>> y2=zeros(1,length(x));
EDU>> y3=zeros(1,length(x));
EDU>> for n=1:n1
y1=y1+sin((2*n-1)*x)/(2*n-1); end
EDU>> for n=1:n2
y2=y2+sin((2*n-1)*x)/(2*n-1); end
EDU>> for n=1:n3
y3=y3+sin((2*n-1)*x)/(2*n-1); end
EDU>> % Normierung 4a/pi
EDU>> y1=(4*a/pi)*y1;
EDU>> y2=(4*a/pi)*y2;
EDU>> y3=(4*a/pi)*y3;
EDU>> % *********************************************
EDU>> % Grafikausgabe
EDU>> plot(x,y1, x,y2, x,y3)
EDU>> xlabel('x')
EDU>> ylabel('y=f(x)')
EDU>> grid on
```

n=1

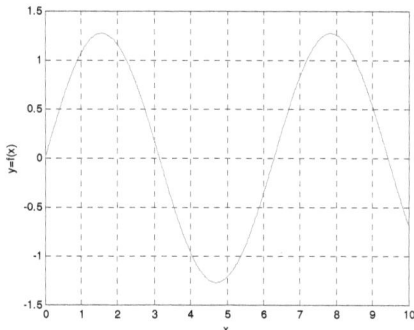

n=5

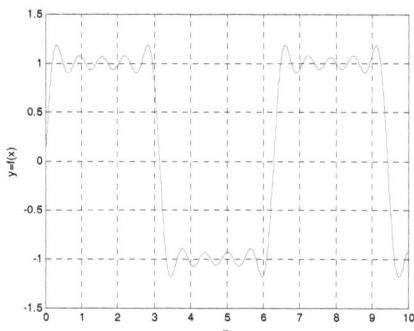

n=100

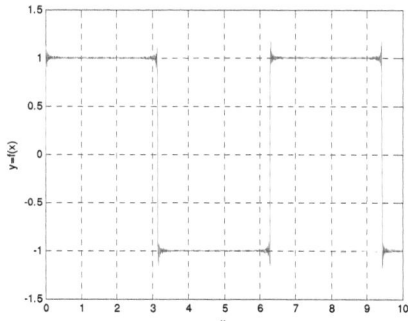

Anhang 2 Fourierzerlegung Dreiecksignal

MATLAB Command Window Page 1

```
EDU>> % programm fourier_dreieck.m
EDU>> % Berechnung einer Dreieckfunktion aus den Fourierkoeffizienten
EDU>> % ******************************
EDU>> % Werte eingeben
EDU>> fend=input('max Oberwelle, Default:100):')
max Oberwelle, Default:100):100
fend =
100
EDU>> xend=input('max x-Wert, Default:10):')
max x-Wert, Default:10):10
xend =
10
EDU>> xstep=0.01, % x-Inkrement
xstep =
0.0100
EDU>> n1=1; n2=5; n3=100; % Anzahl Summenglieder
EDU>> % *******************************************
EDU>> % Rechnung
EDU>> x=0:xstep:xend;
EDU>> y1=zeros(1,length(x));
EDU>> y2=zeros(1,length(x));
EDU>> y3=zeros(1,length(x));
EDU>> for n=1:n1
y1=y1+cos((2*n-1)*x)/((2*n-1)^2); end
EDU>> for n=1:n2
y2=y2+cos((2*n-1)*x)/((2*n-1)^2); end
EDU>> for n=1:n3
y3=y3+cos((2*n-1)*x)/((2*n-1)^2); end
EDU>> % Normierung
EDU>> y1=(pi/2-4/pi)*y1;
EDU>> y2=(pi/2-4/pi)*y2;
EDU>> y3=(pi/2-4/pi)*y3;
EDU>> % *******************************************
EDU>> % Grafikausgabe
EDU>> plot(x,y1, x,y2, x,y3)
EDU>> xlabel('x')
EDU>> ylabel('y=f(x)')
EDU>> grid on
```

n=1

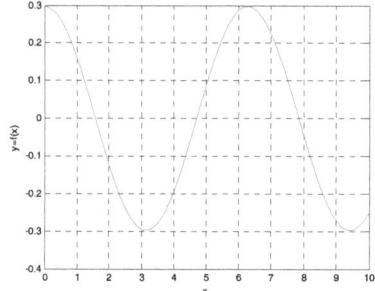

n=5

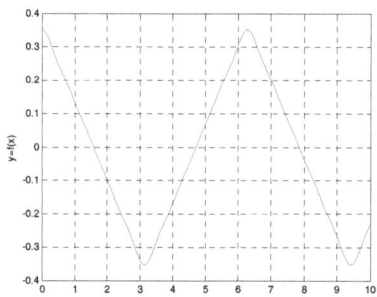

n=100

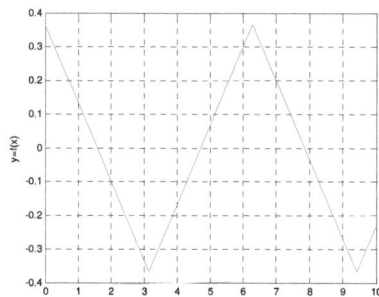

Anhang 3 Berechnung der Spektrallininen

```
MATLAB Command Window Page 1

EDU>> % programm fft.m
EDU>> % FFT für Sinusschwingung
EDU>> % ****************************
EDU>> % Werte eingeben
EDU>> tstep=0.005; % t-Inkrement
EDU>> numstep=256; % Abtastpunkte
EDU>> t=0:tstep:(numstep-1)*tstep;
EDU>> F=10; % Frequenz in Hz
EDU>> A=1; % Amplitude
EDU>> y=A*sin(2*pi*F*t); % Sinusfunktion
EDU>> % ****************************
EDU>> % Berechnung FFT
EDU>> Y=fft(y);
EDU>> Y=(2*Y)/length(y); % Normierung - Berechnung der korrekten
Amplituden
EDU>> % ****************************
EDU>> % Erzeugung Frequenzvektor
EDU>> Fs=(1/tstep);
EDU>> Fmax=Fs/2; % max bestimmbare Frequenz
EDU>> Faxis_2side=Fmax*linspace(-1,1,numstep); % Fourier-Spektrum für
positive und
negative Frequenzen
EDU>> Faxis_1side=Fmax*linspace(0,1,numstep/2+1); % nur für positive
Frequenzen
EDU>> % *********************************************
EDU>> % Grafische Ausgabe
EDU>> subplot(3,1,1); plot(t,y);
EDU>> axis tight; % Achsenskalierung
EDU>> title('Sinusschwingung');
EDU>> xlabel('Zeit t in s'); ylabel('f(t)');
EDU>> grid on
EDU>> subplot(3,1,2); plot(Faxis_2side,abs(fftshift(Y))); % abs -
Berechnung
Absolutbetrag der Koeffizienten, fftshift - nullte Frequenzkomponente
mittig
EDU>> axis tight
EDU>> title('2-seitiges Fourier-Spektrum');
EDU>> xlabel('Frequenz F in Hz');ylabel('Amplitude');
EDU>> grid on
EDU>> subplot(3,1,3); plot(Faxis_1side,abs(Y(1:numstep/2+1)));
EDU>> axis tight
EDU>> title('1-seitiges Fourier-Spektrum');
EDU>> xlabel('Frequenz F in Hz'); ylabel('Amplitude');
EDU>> grid on
```

Anhang 4 Daten CD

Die Daten CD ist in dieser Publikation nicht enthalten.

MATLAB Command Window_fourier_rechteck.pdf

MATLAB Command Window_fourier_dreieck.pdf

MATLAB Command Window_fft.pdf

fourier_dreieck.mat

fourier_dreieck.m

fourier_rechteck.mat

fourier_rechteck.m

fft.m

„Graue Literatur"